CONGRÈS BOTANIQUE

DE St-PÉTERSBOURG

De l'amélioration des plantes cultivées,
par l'alternance des cultures,
par les divers modes de multiplication,
par l'hybridation

Par M. le Cte DE GOMER

Amiens

AVRIL 1869

AMIENS

TYPOGRAPHIE DE E. YVERT, RUE DES TROIS-CAILLOUX, 64

1869

S

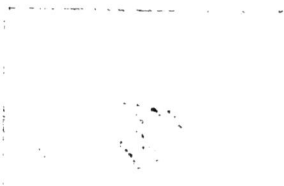

CONGRÈS BOTANIQUE

DE St-PÉTERSBOURG

————◆————

De l'amélioration des plantes cultivées,
par l'alternance des cultures,
par les divers modes de multiplication,
par l'hybridation.

————

M. LE Cte DE GOMER,

à Amiens.

On peut dire sans exagération que parmi toutes les
autres, la science horticole est l'une des plus intéressantes et des plus vastes. Elle demande à la physique
et à la chimie la solution des problèmes qui permettent
de restituer à la terre tout ce qu'on lui a emprunté;
elle dérobe à la nature le secret des procédés qu'elle
emploie pour donner aux plantes une végétation
luxuriante; elle consulte les géographes, elle les
interroge sur les climats, sur les diversités des terrains,
sur les variations de températures des contrées d'où lui
viennent les végétaux qu'elle veut acclimater.

Mais l'Horticulture ne se tient pas toujours dans ces
hautes régions de la science, et si elle est appelée à
orner les palais et les splendides demeures des princes
de la finance, à l'aide des plantes et des fleurs les plus

rares, si elle contribue au bien-être de l'humanité par l'introduction de nouvelles plantes alimentaires, si elle perfectionne chaque jour les espèces de fruits de toute nature, si elle fournit à la botanique les plantes qui sont le remède placé par le Créateur à côté de toutes nos misères, elle n'oublie pas non plus qu'elle doit réjouir les abords des plus modestes habitations en leur fournissant des plantes qui n'exigent ni de grands frais de culture, ni la possession des serres chaudes et de tous leurs accessoires dispendieux.

Je veux parler des plantes qui supportent la pleine terre dans notre climat, et c'est sur leur culture que je vais essayer, dans cette première partie de mon travail, de vous présenter quelques observations, toutefois en faisant rentrer dans ce groupe toutes celles qui, réclamant quelques soins particuliers en hiver, peuvent cependant être livrées à l'air libre pendant cinq mois de l'année.

Dans ma seconde partie, j'aurai à examiner quels sont les meilleurs moyens de propager et d'améliorer les plantes connues, et je terminerai par une étude théorique et pratique des procédés que l'hybridation met en œuvre pour donner le jour à une multitude de variétés intéressantes qui font aujourd'hui le principal ornement de l'Horticulture.

Je dois d'abord rechercher, en thèse générale, les conditions de culture qui sont nécessaires pour obtenir d'une manière durable une belle végétation : puis j'indiquerai un certain nombre de plantes dont il est facile de tirer parti pour l'ornement d'un jardin et je dirai quelles sont les dispositions qui se prêtent le mieux à donner aux massifs et aux plates-bandes le coup d'œil le plus agréable.

J'aborde immédiatement l'exposé des principes généraux qui établissent que toutes les plantes épuisent la terre, mais que toutes n'y absorbent pas les mêmes sucs nutritifs. Les débris que quelques-unes y laissent accroissent sa fécondité; de là cette vérité incontestable, qu'il faut varier les semences que l'on confie à la terre, si l'on veut qu'elle conserve sa puissance et sa richesse.

Les Grecs et les Romains mettaient en pratique, pour la culture de leurs céréales, l'assolement biennal et triennal ; chez les Celtes et les Gaulois, qui vivaient en nomades, lorsque l'on avait, pendant quelques années, cultivé une contrée, on s'en éloignait pour transporter la culture sur un autre point, et ainsi on évitait d'épuiser la terre. Nous trouvons dans Tacite cet axiome : *Arva per annos mutant, superest ager.*

Plus tard la diffusion des lumières et les progrès de la science ont conduit les cultivateurs à reconnaître que le temps était venu où la science agricole pouvait, dans un grand nombre de localités, remplacer les assolements qui s'étaient perpétués d'âge en âge, par des successions de cultures mieux combinées, plus améliorantes et plus lucratives.

Cette excursion dans le domaine de l'Agriculture me permet d'affirmer que ce qui est vrai, sur une grande échelle pour la culture des céréales, s'applique avec la même exactitude à l'Horticulture ; les mêmes principes y produisent les mêmes effets ; mais il est vrai de dire que les horticulteurs rencontrent moins de difficultés, dans la pratique de leurs assolements, que les agriculteurs, parce que le nombre des plantes qu'ils peuvent appeler à se succéder est infiniment plus considérable et plus varié que dans la culture des céréales et des plantes qui concourent à l'assolement agricole.

Il est un point essentiel que l'on ne doit pas perdre de vue, c'est que les plantes ont une durée d'existence plus ou moins longue ; les unes sont annuelles, les autres sont bisannuelles, les moins nombreuses sont vivaces. Or, les plantes annuelles, sauf quelques exceptions, demandent en général des terrains mieux préparés que les plantes bisannuelles, car les plus exigeantes sont celles qui accomplissent leur phase de végétation dans un temps très-court, elles sont aussi plus délicates et résistent moins bien aux sécheresses que les plantes bisannuelles, moins bien surtout que celles qui sont vivaces ; bien plus que ces dernières elles réclament des arrosements fréquents et des paillis qui les protégent contre les ardeurs du soleil.

Les plantes épuisent plus ou moins la terre pendant leur végétation, selon qu'elles enfoncent plus ou moins profondément leurs racines dans le sol, selon la vigueur avec laquelle elles se développent, de telle sorte que l'on peut scientifiquement conclure que la faculté épuisante des plantes est en raison directe de la vigueur de leurs racines, de leurs tiges et surtout de l'abondance de leurs fleurs. L'horticulteur intelligent procure à la terre, par l'emploi des plantes bisannuelles et encore mieux par celui des plantes vivaces, un repos qui la dispose convenablement pour recevoir, soit par les semis, soit par les plantations successives, un assolement parfaitement en rapport avec ce qui existe en Agriculture.

Il ne faut pas oublier, d'ailleurs, que pour la préparation du terrain, dans une culture de fleurs bien entendue, on ne doit employer que des fumiers consommés, sous peine d'être envahi par les mauvaises herbes, et que la dose de la fumure doit être augmentée de manière à réparer complètement l'épuisement causé à la terre.

C'est ainsi que l'on sera amené à fumer un massif deux fois dans la même année si les plantes de la première saison ont fourni une végétation luxuriante. En horticulture, aussi bien que dans la culture des céréales, l'épuisement de la terre est non pas général, mais spécial, parce que chaque plante enlève à la terre quelques-uns de ses éléments solubles et constitutifs ; pour remédier à ce qui amenerait la prostration de fertilité, on a recours non-seulement aux fumiers, aux engrais végétaux, aux engrais animaux, mais encore aux engrais chimiques, toutefois ceux-ci doivent être employés avec beaucoup de discernement, et ce n'est qu'après les plus sérieuses expériences, et après avoir scientifiquement fait constater leur bonne qualité, qu'il est permis de les employer avec une entière confiance.

Ceci conduit naturellement à dire que toutes les fumures n'ont pas la même durée ; si les unes peuvent, à la rigueur, agir pendant deux ou trois ans, suivant la culture qu'elles auront supportée, les autres disparaissent après la première année de leur diffusion ; cela résulte évidemment de la facilité plus ou moins grande avec laquelle se décomposent les éléments qui constituent les engrais.

Le rapide exposé de ces principes suffit pour démontrer qu'il faut indispensablement varier les cultures afin de mieux utiliser les forces productrices de la terre ; Virgile est le premier qui ait dit : « On ne doit jamais cultiver de suite sur la même terre des plantes de même nature et appartenant à la même « famille. »

Dans le système contraire la nature est victorieuse, et la terre perd chaque jour sa puissance de production. Il faudrait nécessairement changer la terre elle-même, comme nous le faisons tous les jours dans les rempotages, si l'on ne se conformait à un système de rotation qui ne ramène les plantes, dans un terrain donné, qu'à de longs intervalles.

J'ai maintenant à m'occuper des plantes qui se prêtent le mieux à l'ornement des massifs et des plates-bandes, et en même temps à indiquer quelques-unes des dispositions qui permettent d'obtenir l'aspect le plus gracieux pour les jardins. On peut varier à l'infini le choix des plantes ; ainsi, pour la première saison, l'horticulteur trouve à sa disposition les sylènes pendula, les pensées, les némophyllas, les collinsias, les pieds d'allouettes, les tulipes hâtives, les aubrietia deltoïdea, les thlaspi, les diclytra spectabilis, les myosotis alpestris, les pervenches, les primevères des jardins, les hépatiques, les pivoines en arbres et les pivoines herbacées ; à toutes ces plantes viendront succéder, pour la seconde saison, les verveines, les lobelia cardinalis, les capucines Tom Thumb, les héliotropes, les géraniums zonales, les juliennes, les renoncules, les anémones, les géraniums à feuilles panachées, mistriss Pollock et autres, puis les coleus et achiranthes Verschaffelti qui produisent un merveilleux effet si on les cultive avec tout le soin qu'elles méritent. A ce sujet je puis conseiller, après expérience faite, d'arroser ces plantes, lorsqu'elles commencent à s'enraciner, avec une composition dans laquelle il entre 1 kilog. d'engrais George Ville par 100 litres d'eau; on obtient ainsi un coloris et une vigueur remarquables, sans avoir aucune crainte de compromettre le feuillage; les matricaires viendront à leur tour apporter le tribut de leurs fleurs blanches, en même temps que les tagètes variés présenteront leur coloris jaune et rouge. Les œillets, les delphinium, les paquerettes doubles, les violettes des quatre saisons pourront également être mis à contribution, puis viendront les plantes grimpantes, les vignes vierges, les glycines, les lierres, les bignonias, les clématites, les jasmins, les cobæas, les ipomæas, les volubilis, les bignonias grandiflora qui méritent une attention particulière, les chèvrefeuilles du Japon. Parlerai-je de la nombreuse et brillante famille des plantes de terre de bruyères? Elles sont trop connues et trop appréciées pour donner lieu à tous les développements que comporterait leur mérite. Les phlox que M. Lierval a remis en honneur, les glaieuls dont M. Souchet a enrichi toutes nos collections fournissent à notre palette la réunion des plus brillantes couleurs. Les hortensias eux-mêmes attirent toujours nos regards, grâce peut-être à ces procédés ingénieux à l'aide desquels M. Eugène Fournier leur donne une coloration artificielle. En employant 20 grammes d'alun par litre d'eau distillée, il a obtenu des plantes d'une belle végétation qui développèrent des rameaux élevés et très-forts, des feuilles d'un vert foncé et des fleurs bleues violacées. L'action de cette solution est, dit-il, très-prompte, et il a remarqué que les inflorescences qui s'épanouissent en dernier lieu, peu de jours après les arrosements, donnent des fleurs fortement colorées. Le carbonate de cuivre, les sels de cuivre et l'ammoniaque ont fourni des résultats funestes pour les plantes.

Enfin on complètera heureusement la plantation des plates-bandes et des massifs à l'aide des iris anglaises et espagnoles si bizarres par leurs formes et leurs couleurs, des pétunias de toutes nuances, des reines marguerites et balsamines, sans oublier les fuschias aux brillantes corolles, etc., etc., etc.

Avec toutes ces plantes c'est le goût de l'amateur qui décide, en consultant la disposition du terrain, quelle est la meilleure combinaison à adopter pour obtenir le plus séduisant effet. Dans tous les cas on doit avoir sérieusement égard à la taille des plantes pour déterminer la place qu'elles doivent occuper, et s'efforcer de faire alterner les couleurs en réunissant les nuances diverses dont le contraste est le plus agréable à l'œil. La forme des massifs dépend complètement de la fantaisie, et dans l'intérieur ils seront plantés, soit

symétriquement par compartiments réguliers , soit
en formant chaque rang de plantes de différentes
couleurs ; dans les massifs qui ont une certaine étendue
on voit souvent , sur un fond de plantes de même
nuance, soit pourpre, soit tout autre, se détacher un
chiffre dessiné avec toutes plantes à fleurs blanches.
Lorsque les jardins et les parcs présentent une certaine
étendue l'horizon s'agrandit en même temps que se
trouvent multipliées à l'infini les ressources que les
plantes ornementales viennent offrir au créateur d'un
jardin.

En effet, sous ce point de vue, l'Horticulture a, depuis
quelques années, accompli des miracles ; non contente
de varier et d'embellir artificiellement nos plantes
indigènes, elle a mis à contribution toutes les parties
du monde ; elle a fait un choix parmi les plus belles
plantes exotiques ; celles qui proviennent des climats
peu différents du nôtre, aisément naturalisées, végètent
chez nous en plein air et en pleine terre comme dans
leur patrie, grâce à des procédés de culture sérieusement étudiés.

Il en est qui exigent des soins particuliers, un abri
pendant l'hiver, un terrain convenablement préparé ;
on peut dire que maintenant la flore des jardins est
d'une prodigieuse richesse. Il est des genres de plantes
auxquelles la mode s'est attachée, ce sont naturellement
les plus remarquables par l'élégance du port, par la
dimension et la coloration de leurs feuilles , par le
vif éclat de leurs fleurs ; et le soin que l'on prend
d'indiquer à chacune son rôle et sa place, l'intention

marquée que l'on met à réunir les unes en grandes masses, à planter les autres isolément dans les pelouses, forme un coup d'œil qui charme les plus indifférents. Il faut, pour obtenir un effet complet, s'astreindre à l'observation de certains principes ; ainsi, les arbres et les arbrisseaux à port et à feuillage ornemental sont ordinairement isolés ; les catalpas, les magnolias, les kalmias, les rhododendrums font partie de ce groupe auquel viennent s'ajouter les conifères, puis le nombre sans cesse croissant des graminées gigantesques, gynerium, montanæa heracleifolia, wigandia, arundo donax variés, bambusa, cyperus, ricins, eucalyptus, aralia, canna et enfin tout ce qui constitue le genre solanum.

Les jardins publics et les demeures des princes de la finance suivent aujourd'hui l'impulsion donnée à l'Horticulture ; je trouve, par exemple, dans le bulletin de la Société Impériale d'Horticulture le compte-rendu d'une visite à Rueil dans un parc de 25 hectares ; j'y remarque la description d'un massif composé d'environ 10,000 plantes graduées et d'un effet merveilleux : les premiers rangs de derrière étaient plantés en nicotiana wigandioïdes, ensuite venaient les solanum laciniatum, solanum marginatum, anthemis frutescens, pélargoniums, beauté du parterre, cerise unique, gazania splendens, puis quatre rangs d'alternanthera paronichioïdes. D'autres massifs étaient composés de wigandia caracasana, montanæa, caladiums esculentum et bataviense, des cassia floribunda, des hibiscus sinensis, des aralia papyrifera et Sieboldi, tous les solanum recommandables, le tout bordé de géraniums zonales, verveines, calcéolaires, etc., enfin ni les callas, ni les agaves, ni les fougères ne manquaient à l'appel ; l'ensemble des plantes dans ce parc fournissait un total de 50,000 plantes.

On voit par ces détails, puisés au milieu de beaucoup d'autres, combien l'Horticulture s'est développée depuis peu d'années ; il ne faut pas remonter au delà de 20 à 30 ans pour constater qu'alors les plantes qui entraient dans l'ornement d'un parterre étaient peu nombreuses ; aujourd'hui nous pouvons largement profiter des introductions faites par les naturalistes et les horticulteurs à l'aide de leurs explorations dans toutes les régions du globe. Le règne végétal, dont on ne connaissait, il y a un siècle, que 8,000 espèces, en comprend actuellement plus de 120,000. Un jardin botanique, qui comptait 1,000 à 1,200 espèces de plantes, était rare du temps de Linné ; nos jardins botaniques actuels en renferment douze à quinze mille.

Il y a là une ample moisson à faire pour l'Horticulture qui peut sortir avec avantage de ses anciennes habitudes pour varier l'aspect de nos jardins ; il appartient à toutes les Sociétés de donner, chacune dans leur ressort, une intelligente impulsion au mouvement horticole qui se produit de toutes parts, et, tout en ramenant les tentatives aux proportions de nos exploitations horticoles généralement modestes, d'encourager tous ceux qui s'efforcent d'entrer dans la voie du progrès ; pour ma part, je m'estimerai heureux si j'ai pu, dans la mesure de mes forces, contribuer à stimuler le zèle de nos horticulteurs, et à préparer leurs succès.

La multiplication des plantes, si variée dans ses procédés, est assurément une des opérations les plus intéressantes de l'Horticulture; elle présente de sérieuses études à faire aussi bien au savant qu'au praticien. Chacun d'eux doit observer les caractères des plantes qui leur sont soumises ; les unes, en effet, ne peuvent se multiplier que par graines et sont rebelles à tout autre mode de propagation; les autres se reproduisant, au contraire, par fragments d'elles-mêmes, fournissent le moyen le plus prompt et surtout le plus certain de conserver toujours identiques les variétés et les races que l'expérience a fait reconnaître comme les meilleures.

Les semis sont assurément la manière la plus sûre et la meilleure pour obtenir des plantes saines, vigoureuses et d'une croissance rapide, mais il faut prendre un très-grand soin de semer chaque graine à une époque déterminée par ses facultés germinatives ; on doit naturellement être très-sévère pour le choix des graines ; quant au mode des semis, il varie infiniment selon la nature des végétaux, leur origine, le volume de leurs graines, la délicatesse des plantes, et selon le lieu qui doit recevoir les semis. Trois agents sont indispensables pour la germination, l'air, l'eau et un certain degré de chaleur variable suivant les espèces. Dans les semis la reproduction des porte-graines n'étant pas toujours constante, on entrevoit la possibilité d'obtenir par là des variétés précieuses qui deviennent une nouvelle richesse pour l'Horticulture.

La multiplication se fait également par bourgeons, oignons, racines, tubercules, et pour cela, la seule

précaution à prendre, c'est de ne séparer les bulbes
que lorsqu'elles sont parfaitement mûres; viennent ensuite
les multiplications par coulants, par marcottes, puis
enfin les boutures qui, depuis le commencement du
siècle, ont donné lieu à de grands progrès; la condition
la plus indispensable à leur succès est de les exposer à
une humidité et à une température convenables; on est
arrivé à bouturer des plantes dépourvues de bourgeons,
à l'aide de racines et de fragments de feuilles; un
certain nombre de plantes ne reprennent de bouture
que par des artifices souvent assez compliqués; il s'agit,
en effet, de déterminer la radification par la combinaison
bien réglée de la chaleur, de la lumière et de l'humidité;
la bouture doit former à temps ses organes de succion
pour récupérer les pertes que l'évaporation lui fait
nécessairement subir, et, d'un autre côté, si on empêche
l'évaporation d'avoir lieu, il faut craindre la pourriture;
l'art des jardiniers consiste donc à maintenir, dans une
juste proportion, l'action des agents destinés à favoriser
la prompte émission des racines. Toutes les plantes ne
peuvent pas être soumises au même traitement, et,
pour espérer le succès, on devra tenir compte de la
provenance des plantes et des conditions climatériques
qu'elles trouvent dans leur pays natal; l'expérience
démontre que la chaleur du sol dans lequel on se
propose de faire des boutures doit être de quelques
degrés supérieure à celle qui est suffisante pour per-
mettre aux plantes de prendre leur développement
naturel; le choix de la terre est des plus importants;
car, pour favoriser l'émission des racines, il faut, avant

tout, une terre perméable et par là même accessible
aux influences de la chaleur et de l'humidité. Sans
m'arrêter à la pratique des divers procédés employés
pour le bouturage de tant de plantes de nature différente, et sans passer en revue la multiplicité des
opérations auxquelles il donne lieu, j'arrive à dire
quelques mots de la multiplication par la greffe. C'est
assurément un acte très-ingénieux que celui qui consiste
à communiquer à une plante la sève d'une autre, par
une union organique qui en fait ainsi un être composé;
toutefois, pour greffer, il faut observer scientifiquement
les affinités et les dissemblances des genres entr'eux; car
on ne doit jamais s'exposer à greffer des plantes qui
ne pourraient contracter une alliance intime, dans ces
conditions la nature contrariée ne permettrait qu'une
juxta-position qui ne saurait avoir de durée. D'ailleurs,
spécialement pour les arbres fruitiers, on ne doit associer
ensemble que des espèces qui ne soient pas disposées
à dénaturer la saveur des produits. De plus, on doit
soigneusement tenir compte de la force, de la vigueur
et de la précocité plus ou moins grande, si on ne veut
diminuer la longévité des plantes ou des arbres. La
greffe se pratique uniquement entre végétaux dico-
tylédonés; dans les autres cas, la formation d'un
nouveau parenchyme et la production de la sève
s'accomplissent dans des conditions défavorables.

La greffe est un puissant moyen de multiplication, il
permet d'obtenir autant d'individus distincts de chaque
rameau ou de chaque bourgeon détaché de la plante; il
substitue une plante précieuse à une autre sans valeur;

il perpétue les races, les variétés, et surtout il donne le seul moyen certain de conserver les anomalies qui deviennent ainsi une nouvelle création, soit au point de vue des fleurs, soit au point de vue des feuillages. Enfin, par la greffe, on obtient l'avantage d'avancer de plusieurs années la fructification des arbres de semis.

En terminant ces observations sur la greffe, je ne puis m'abstenir de faire remarquer qu'il est nécessaire qu'il existe sympathie entre les deux sèves du sujet et de la greffe, mais que souvent cette qualité est plus réelle qu'apparente au premier aspect, et semble offrir des contradictions; ainsi un arbre à feuilles caduques ne saurait vivre longtemps sur un autre à feuilles persistantes, tandis que nous voyons fréquemment réussir l'opération inverse. Par exemple, le buisson ardent, le cotoneaster reprennent facilement sur aubépine, il en est de même du mahonia sur épine vinette et du laurier amande sur merisier à grappes.

Nous avons constaté précédemment que les collections de plantes connues aujourd'hui sont infiniment nombreuses et extrêmement intéressantes; à toutes celles que fournit l'Europe dans ses régions d'altitudes, de température et de terrains fort différents, sont venues s'ajouter celles qui ont été rapportées de toutes les parties du globe par d'habiles et infatigables explorateurs. Pour la culture de toutes ces plantes, l'horticulteur, appelant à son aide les indications de la science physiologique, empruntant toutes les découvertes de la physique et de la chimie, a réalisé des merveilles ; d'abord à chacune d'elles il a restitué les conditions d'existence et de végétation qui font sa luxuriance dans les contrées où elle croît naturellement, et ainsi il est parvenu à donner à nos jardins ce coup-d'œil séduisant et pittoresque qui les place au-dessus de tout ce que l'Horticulture avait pu présenter jusqu'à ce jour pour charmer les yeux et varier les aspects.

Quelques détails succincts nous ont montré les heureux développements de la science de la multiplication, mais ce qui pardessus tout distingue notre époque et lui assure le premier rang dans les annales de l'Horticulture, ce sont les perfectionnements qui ont été obtenus pour une infinité de plantes au moyen des croisements et des hybridations artificielles.

Assurément, il y avait déjà un grand mérite à donner aux plantes, par une culture bien entendue, une végétation telle que, placées à côté de leurs congénères, elles semblaient des espèces ou du moins des variétés distinctes ; mais combien n'est pas plus remarquable le résultat qui transforme d'une manière presque radicale la forme, la couleur ou la durée d'une plante. Pour arriver là, il a fallu de longues et persévérantes expériences, il a fallu résister au découragement lorsque mille fois les efforts ont été infructueux, il a fallu enfin étudier les procédés que la nature met en œuvre dans les variations spontanées, et ainsi le succès est venu souvent couronner des essais secondés par l'esprit d'observation et par les connaissances scientifiques.

L'étude consciencieuse a permis de constater d'abord que, dans les plantes, les organes fondamentaux, ceux qui sont l'essence de la vie, se présentent à l'extérieur et par là même sont accessibles à toutes les influences, qu'elles soient dues au hasard, à la direction des courants, au passage des insectes, ou directement aux combinaisons artificielles qui doivent amener, d'une manière à peu près certaine, d'importantes modifications. Ce travail ne peut évidemment s'opérer, avec chance de succès, qu'en l'associant à des conditions de culture perfectionnée, et en procédant à l'aide de la sélection. La présence du pollen ne suffit pas pour la production des graines, il est nécessaire qu'il arrive au contact du stigmate, cela se produit facilement quand les fleurs sont hermaphrodites; mais, dans le cas contraire, l'intervention de l'homme est utile parce que les fleurs étant unisexuées, le pollen est peu abondant, humide, lourd, difficile à dégager des anthères; sous notre climat, les orchidées, et notamment la vanille, réclament l'intervention directe du cultivateur pour répandre le pollen sur les stigmates des fleurs; la fécondation entre des variétés d'une même espèce produit des croisements, entre espèces du même genre elle produit des hybridations. Lorsque l'on s'attache, non pas seulement à perfectionner l'organisme d'une plante bien caractérisée, mais à la modifier profondément, l'esprit d'observation doit étudier les caractères divers des sujets qui doivent participer au croisement. Ainsi, il faudra prendre en considération, non-seulement la taille des plantes, leur forme, le développement de leur végétation, mais aussi la durée de leur existence, dans le but d'associer les unes avec les autres au moyen de l'hybridation des variétés qui devancent ou retardent l'époque de puberté;

la chaleur devient un puissant auxiliaire dans toutes les opérations de cette nature et c'est grâce à son influence que l'on peut changer l'époque de floraison d'une plante, et même parvenir, par des croisements bien compris, à modifier la durée de la vie, en transformant une plante vivace en plante annuelle. Pour ne citer qu'un exemple à l'appui de cette assertion, on voit la pomme de terre, dans les contrées plus chaudes, où elle croît spontanément à l'état arborescent ; et nous la trouvons devenue plante annuelle après son importation dans nos régions plus froides.

Il n'est pas nécessaire de faire remarquer que les fleurs doubles se refusent aux expériences tentées avec succès, en tant qu'on les destine à recevoir la fécondation, par cette raison bien simple que chez elles la transformation des organes propagateurs est complète, et que leur beauté s'est ainsi accrue aux dépens de leur fécondité.

Si l'on peut changer la forme d'une plante, multiplier, développer, étaler ses fleurons, il est possible aussi de modifier sa couleur ; on comprend facilement, en effet, que le pollen d'une fleur, transporté sur le stigmate d'une autre fleur de même famille, mais d'une coloration tout-à-fait différente, obtiendra des variétés complètement distinctes de celles qui avaient pris part au croisement. Souvent le produit offrira des qualités peu appréciables, mais, dans leur multiplicité, on aura à faire un choix qui fournira quelquefois un ample dédommagement après un travail persévérant. En procédant par sélections successives on peut rendre les fleurs de plus en plus doubles, chaque progrès acquis étant transmis par l'hérédité. Il en est de même pour les feuillages qui, soumis à des expériences semblables, ont fourni des dessins élégants et enrichis des couleurs les plus variées. Au surplus, la sélection, appliquée aux plantes panachées, propagées de bourgeons, peut souvent améliorer et fixer des variétés intéressantes; il suffit pour cela de favoriser le développement des bourgeons qui se trouvent à la base des feuilles les mieux marquées, et de les propager de préférence à tous les autres.

Mais si l'art horticole peut parvenir à transformer l'organisme des plantes, quand il travaille en vue de leurs fleurs et de leurs feuillages, il peut également exercer une influence sur la saveur et la qualité des fruits; toutefois, qu'il s'agisse de la floraison ou de la fructification des plantes, l'horticulteur devra toujours consulter les lois de la nature, et ne pas chercher à transformer les types eux-mêmes des plantes sur lesquelles il veut obtenir des variations séduisantes pour l'œil, sous peine de n'arriver qu'à des bizarreries, à des monstruosités.

Pour diriger convenablement les expériences sur l'organisme des plantes, il est nécessaire d'établir l'harmonie dans les fonctions; il faut étudier les corrélations organiques, il faut aussi rendre l'action végétale plus active, de manière à réagir sur les actes qui en sont la conséquence, et à provoquer ainsi le développement complet des organes qui en dépendent.

On doit surtout tenir compte sérieusement du milieu

dans lequel vivent les plantes et dans une pratique bien entendue, ne jamais oublier que les conditions de température convenable peuvent seules assurer le succès. C'est ainsi que les lieux, les heures, l'apparition du soleil, l'absence d'humidité, viendront contribuer au résultat cherché. Les botanistes savent parfaitement que si une plante, cultivée d'abord dans un vase où elle se couvrait de fleurs, est placée dans un sol riche en pleine terre, elle développera immédiatement de vigoureux rameaux chargés de feuilles, mais l'abondance des fleurs aura disparu.

L'observation de ces principes les a conduits à constater que chez les hybrides le développement des organes de la végétation coïncide parfaitement avec l'absence ou l'imperfection du pollen. On voit par là que l'horticulteur possède mille moyens de prédisposer la plante à céder à ses exigences; il a d'abord : la composition de la terre, l'exposition, la température, la gradation de l'humidité, l'augmentation de la lumière et de la chaleur; puis le choix judicieux des pieds-mères, le soin de procéder par sélection et par semis successifs, en conservant uniquement les jeunes plantes dont l'aspect indique une tendance à la solution du problème d'amélioration. L'hybridation a d'autant plus de chances de produire de bons résultats, qu'elle se pratique d'abord sur des variétés très-voisines les unes des autres; ce n'est qu'après plusieurs essais successifs, dans cette condition essentielle, qu'il sera permis, si le caractère des premiers types est bien conservé, de demander à des variétés plus tranchées des modifications plus importantes.

Il ne faut pas, d'ailleurs, se dissimuler que la fécondité des plantes est souvent en raison inverse de leur mérite; ainsi les plantes à fleurs doubles ne donnent, la plupart du temps, que quelques graines fécondes, en sorte que l'on pourrait presque établir en principe que la stérilité est une des maladies des plantes cultivées.

Par une conséquence directe de ces faits, on est conduit à penser que les multiplications successives, soit par marcottes, soit par boutures, soit par greffes, disposent défavorablement les plantes pour porter des graines fécondes ; les expériences tentées chaque jour sur les plantes démontrent que les groupes organiques sont nettement délimités par l'impuissance de production, qui se marque d'autant plus clairement, que l'affinité est plus opposée dans les variétés que l'on serait tenté de rapprocher par le croisement. Conformément à cette loi de la nature, la greffe ne réussit pas entre les plantes appartenant à des familles complètement distinctes.

En poussant les recherches vers le côté pratique, l'horticulteur a pu façonner à son gré une infinité de plantes, et voir se révéler à ses yeux le ssecrets de la science organique appliquée aux végétaux.

Les variétés sont toujours reliées au type d'une manière plus ou moins intime ; mais elles s'en distinguent cependant par des qualités individuelles qui leur sont propres; ainsi que nous l'avons déjà dit, une variété ne se fixe définitivement que par semis, tout ce qui s'obtient d'une autre façon ne peut s'appeler que variation ou dimorphisme.

Il est une chose, dans la pratique, dont on ne se

préoccupe pas assez sérieusement, c'est de bien choisir le moment pour la fécondation, surtout pour les plantes à fécondation anté-florale, pour les gloxinias, par exemple, et c'est ce qui explique pourquoi on a été si long-temps à obtenir les magnifiques variétés que nous possédons aujourd'hui.

Les variétés une fois obtenues, on évitera qu'elles ne s'affaiblissent en domesticité, en semant, dans l'espoir de les rajeunir et de les maintenir avec toutes leurs qualités; pour y parvenir, on observera les variations et on procédera par sectionnements.

Les fleurs blanches conservent leur couleur plus franchement que les autres, on remarque de plus que l'on obtient souvent, par les croisements entre plantes de même couleur, plus de graines que par ceux entre plantes de couleurs différentes.

Les produits de l'hybridation croisés entr'eux sont généralement peu féconds, et on est forcé, pour les retremper, de revenir au type; c'est là un résultat qui est identique avec la consanguinité dans l'espèce humaine.

Les céréales démontrent victorieusement que le changement de lieu est utile aux plantes pour les conserver franches et vigoureuses.

On doit reconnaître encore que l'hybridation est utile, non-seulement pour varier la forme et la couleur des fleurs, mais surtout qu'elle peut rendre les plus grands services pour obtenir des variétés plus rustiques, elle atteint ainsi la constitution de la plante elle-même.

Si l'on travaille à préparer convenablement les

porte - graines , l'Horticulture fournit de nombreux moyens, au milieu desquels il suffit de signaler la fertilité du sol, la suppression partiellè des fleurs ou des fruits, afin de fournir à ceux qui sont conservés la plus forte somme de sève possible. On peut également employer la transplantation avant l'époque de la maturité, par là même, la vigueur des tiges diminue et les organes sont plus disposés à recevoir un volumineux développement.

La science assurément n'a pas dit encore son dernier mot au sujet des fécondations artificielles , et déjà cependant, en suivant ses indications, en observant la sexualité des plantes , en cherchant à tirer parti de leur fertilité sous l'action du pollen, l'Horticulture a pu exercer une action directe sur la fécondation. En combinant habilement les associations , en choisissant judicieusement les propagateurs, on est arrivé à obtenir des formes, des couleurs, des proportions que la nature ne nous avait jamais présentées chez les plantes.

Les considérations que je viens de présenter sur l'amélioration des plantes cultivées, en les envisageant d'abord au point de vue des soins qu'elles réclament pour fournir une végétation remarquable, puis en indiquant les procédés de multiplication qui peuvent conserver, améliorer les variétés et enfin en fournissant quelques détails sur les perfectionnements que l'on est en droit d'espérer à l'aide de l'hybridation, ne comportent en aucune façon la prétention d'offrir un travail scientifique signalant à la science des découvertes nouvelles ; elles sont, de la part d'un simple amateur d'horticulture, uniquement une preuve de bonne volonté ; elles démontreront peut-être qu'avec quelques données empruntées à la science, on peut apporter un concours utile à l'horticulture pratique, et favoriser les progrès de tous ceux qui n'ont pas le bonheur de pénétrer dans les hautes régions de la science.

Non omnibus datur adire Corinthum.

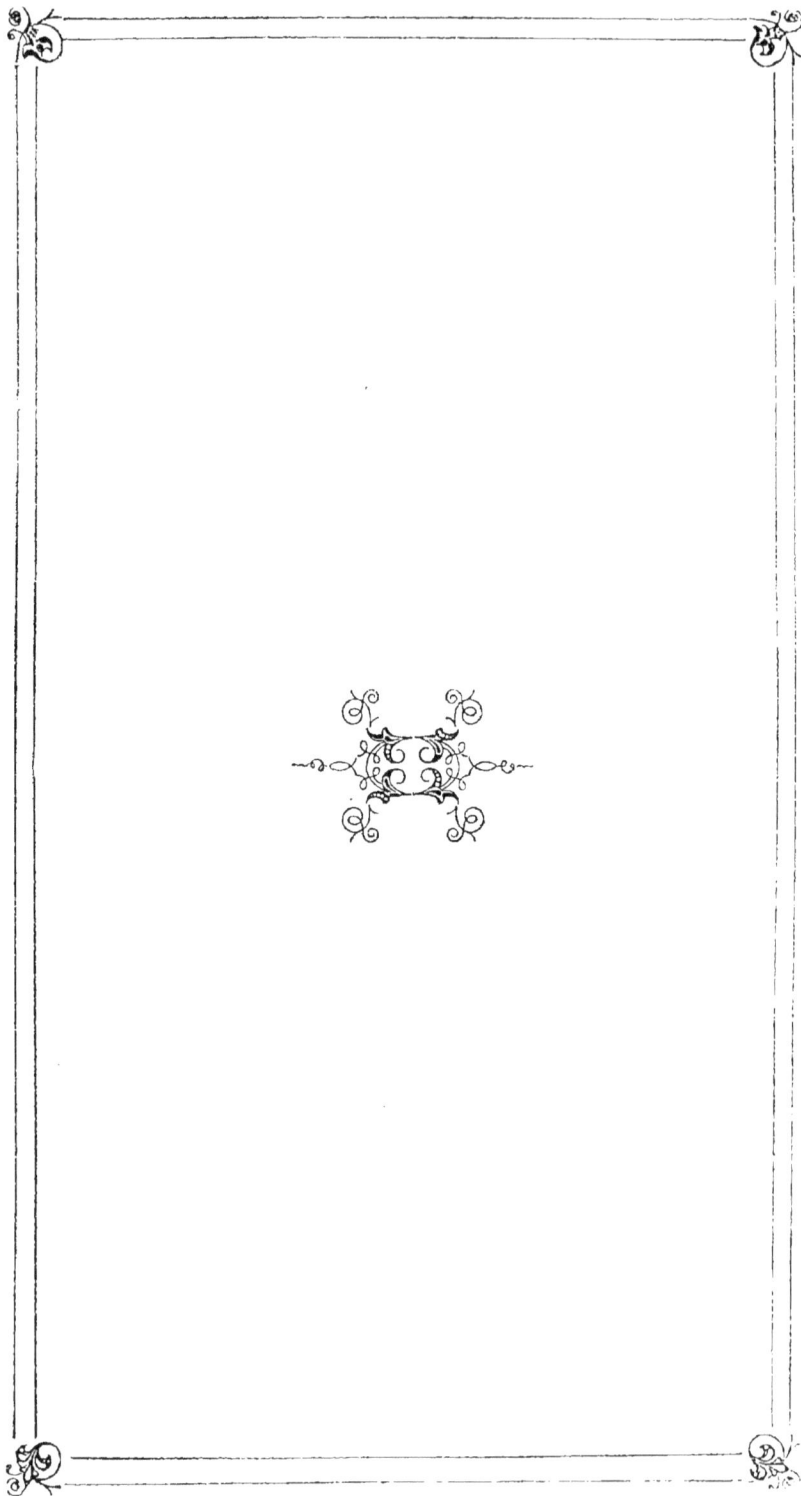

www.ingramcontent.com/pod-product-compliance
Lightning Source LLC
Chambersburg PA
CBHW060452210326
41520CB00015B/3914